Sitzungsberichte
der Akademie der Wissenschaften
der DDR
Mathematik – Naturwissenschaften – Technik

10 N

1982

Langen, Graetz, Lehmann, Samtleben

Die Regulation der Zellproliferation durch Wachstumsfaktoren und Chalone

AKADEMIE-VERLAG · BERLIN

Sitzungsberichte
der Akademie der Wissenschaften
der DDR
Mathematik — Naturwissenschaften — Technik

Jahrgang 1982 · Nr. 10/N

Langen, Graetz, Lehmann, Samtleben

Die Regulation der Zellproliferation durch Wachstumsfaktoren und Chalone

AKADEMIE-VERLAG · BERLIN
1982

Vortrag von Prof. Dr. P. Langen,
Frau H. Graetz, Dr. W. Lehmann,
Dr. R. Samtleben, Zentralinstitut
für Molekularbiologie der AdW der DDR,
gehalten am 19. 2. 1981 in der Klasse
Biowissenschaften

Herausgegeben im Auftrage
des Präsidenten der Akademie
der Wissenschaften der DDR
von Vizepräsident Prof. Dr. Heinrich Scheel

ISSN 0138—3956
Erschienen im Akademie-Verlag, DDR-1086 Berlin, Leipziger Str. 3—4

Lizenznummer: 202 · 100/73/82
Gesamtherstellung: VEB Druckhaus Köthen
Bestellnummer: 763 117 6/2010/82/10/N) · LSV 1315
Printed in GDR
DDR 3,— M

Inhalt

1. Die Regulation der Zellproliferation als Reaktion auf äußere Einflüsse

Jede Zelle entsteht aus einer Zelle. Sich zu vermehren ist eines der wesentlichsten Charakteristika der lebenden Materie. Diese Vermehrung findet — von Randgebieten des Lebens abgesehen — in der Form von Zellteilung statt. Zellen, Gewebe proliferieren. Ihre Proliferation ist die Grundlage für eine Reihe biologischer Elementarprozesse: Wachstums-, Alterns- und Differenzierungsvorgänge, Regeneration und Wundheilung, Zellnachschub bei Geweben, deren Zellen im Verlauf ihrer Funktion verlorengehen (blutbildende- und Epithelgewebe), immunologische Vorgänge.

Die Proliferation muß einer sehr genau abgestimmten Regulation unterliegen. Das Versagen dieser Regulation führt zu schweren, z. T. katastrophalen Störungen, deren bekannteste wohl der Krebs ist. Über die Mechanismen der Regulation haben wir z. Z. noch sehr unvollständige Vorstellungen; es gibt keine allgemein anerkannte Hypothese, dafür aber viele unterschiedliche Meinungen.

In jedem Fall ist diese Regulation ein sehr komplexer Vorgang, der insbesondere auf eine Reaktion auf äußere Bedingungen zurückzuführen ist. Zu diesen äußeren Bedingungen gehören a) die Einwirkung humoraler Faktoren, wie spezifische Wachstumsstimulatoren und -hemmer, andere Hormone, Antigene, b) der Kontakt zu anderen Zellen und c) der Kontakt zum Substrat, auf dem die Zellen wachsen, seien es verschiedene Zellausscheidungen wie Fibronectin oder Collagen oder, in der Zellkultur, Glas und Kunststoffe. Da die Regulation der Zellproliferation also weitgehend als eine Reaktion auf Umwelteinflüsse angesehen werden kann, steht die Zellmembran als erste und sicher auch wichtigste Kontaktstelle zwischen Zelle und Umwelt im Mittelpunkt der Betrachtung. Die Zelloberfläche enthält spezifische Rezeptoren für die humoralen Faktoren, sie bildet Kontakte zu anderen Zellen und zum Substrat aus, und es lassen sich Zellmembran-Proteine isolieren, die schon in sehr geringer Konzentration Protein-Synthese und Zellproliferation hemmen.

Dieser Artikel beschränkt sich auf die Darstellung der Rolle der die Proliferation regulierenden Faktoren von Polypeptidcharakter. Dabei sollen gegenwärtige Vorstellungen über die Bedeutung von fördernden und hemmenden Faktoren und ihres Wechselspiels untereinander, über den unterschiedlichen Stand ihrer Charakterisierung und über ihren Wirkungsmechanismus beschrieben werden. Es ist jedoch nicht beabsichtigt, eine Review-artige, auf Vollständigkeit Anspruch erhebende Darstellung zu bieten. Hierzu sei auf die Literatur verwiesen (z. B. Wachstumsfaktoren und Chalone [1], Chalone [2], Wachstumsfaktoren allgemein [3], EGF[1] und FGF [4], EGF [5, 6], FGF [7], IGF [8] und CSF [9]). Abschließend wird dann über eigene Arbeiten zur Isolierung und Charakterisierung eines Chalon-ähnlichen Hemmstoffes der Proliferation von Ehrlich Ascites Carcinom Zellen berichtet.

Sicher ist es eine starke Vereinfachung, über deren Zulässigkeit und Einseitigkeit man sich im klaren sein muß und die je nach Fragestellung nur eine mehr oder weniger reduzierte Realität widerspiegelt, isoliert nur die humoralen Faktoren zu beachten. Schon jetzt ist klar, daß ihr Einfluß stark durch Wechselwirkungen der Zelle mit dem Substrat modifiziert wird. Gospodarowicz, der Entdecker eines der bekanntesten Wachstumsfaktoren, des Fibroplasten-Wachstumsfaktors, beschreibt z. B., daß die Wachstums-fördernde Wirkung von Plasma in der Zellkultur abhängig vom Substrat ist, auf dem die Zellen wachsen [10]. Sie fehlt bei Glas und Plast, den üblichen Substraten in Zellkulturen, völlig und wird nur in solchen Kulturen gefunden, in denen die Zellen auf einer extrazellulären Matrix wachsen.

Gospodarowicz schließt daraus [11], daß in der Zellkultur der Aera der Medienoptimierung eine solche der Substrat-Optimierung folgen muß, da sich die letzten 50 Jahre Zellkultur, die nach Wilt „almost a history of the adequacy of media" sind, auch sehr leicht als „history of inadequacy of substrates" erweisen könnten.

Es ist anzunehmen, daß etliche der im folgenden mitgeteilten Befunde bald in einem anderen Lichte zu betrachten und daraus abgeleitete Theorien nicht mehr gültig sind, da sich das Gebiet in sehr rascher Entwicklung befindet. Dabei stehen wir jetzt am Übergang von der mehr zellbiologischen Beschreibung zur molekularbiologischen Analyse. Zu letzterer gehören z. B. die zunehmende Charakterisierung und Isolierung von Wachstumsfaktoren, ihrer Rezeptoren, die Untersuchung der Wechselwirkung beider sowie des folgenden Signalwandels in der Membran. Ein gutes Beispiel für die Entwicklung auf diesem Gebiet ist der Fortschritt unserer Kenntnisse über andere Peptid-Hormone, insbesondere das Insulin, das auch aus anderen, mehr direkten Gründen für die Wachstumsregulation besonders interessant ist). Von hier kommen methodische Hinweise, es wird aber auch offenbar, wie unterschiedlich schnell das Tempo der Abklärung wichtiger Fragen ist. So wissen wir selbst bei dem sehr häufig untersuchten Insulin über den eigentlichen Signalwandel in der Membran nichts endgültiges.

Die interessantesten und in der Deutung auch umstrittensten Regulationsphänomene liegen verständlicherweise dort, wo Proliferation ausgelöst, und dort, wo sie abgeschaltet wird. Solche Prozesse gehen im Organismus in einigen Geweben ständig vor sich. Es gibt zwar Gewebe, die nach ihrer Entwicklung die Fähigkeit zur Proliferation völlig verlieren (Nerven- und Muskelgewebe), und solche, die normalerweise nicht proliferieren, aber in der Lage sind, durch Altern oder künstliche Eingriffe verlorengegangene Zellen wieder zu ersetzen, wie Leber und Niere; andere Gewebe aber, deren differenzierte Zellen im Verlaufe ihrer Funktion gesetzmäßig

[1] Erklärung der Abkürzungen s. S. 10/11.

verlorengehen, müssen diese daher ständig durch Proliferation wieder ersetzen. Hier liegt also immer eine intensive Proliferation vor. Die Zellen aller schnell proliferierenden Gewebe können zwei Kompartimenten zugeteilt werden: dem die sich teilenden Zellen enthaltenden (Wachstumsfraktionen, „Growth fraction") und einem anderen, das Zellen enthält, die sich in einer sogenannten Ruhepause (G_0-Phase des Zellzyklus) befinden (Abb. 1). Zellen aus der Ruhephase können bei Bedarf sehr

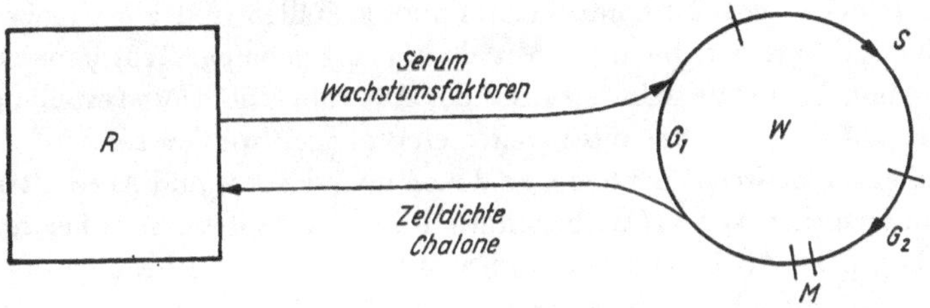

% in R		% in W
70-90 %	Knochenmark Stammzellen	10 - 30 %
0 %	kleine Tumoren	100 %
90 %	große Tumoren	10 %

Abb. 1 Schematische Darstellung der Verteilung von Zellen proliferierender Gewebe auf Ruhefraktion (R) und Wachstumsfraktion (W), nach [13]

schnell (etwa in 24 Stunden) in die Wachstumsphase übertreten. Das ist besonders gut nachweisbar, wenn durch äußere Eingriffe ein hoher Zellverlust in der Wachstumsfraktion stattgefunden hat. Zellen in der Ruhephase bilden sozusagen eine wichtige Reserve, auf die bei Belastung zurückgegriffen werden und die unter experimentellen Bedingungen sogar erschöpft werden kann [12]. Sind umgekehrt genug Zellen vorhanden, treten sie wieder in die Ruhephase über. Der Anteil an Zellen, der sich jeweils in der Ruhephase befindet, ist bei verschiedenen Zellarten unterschiedlich. So befinden sich z. B. die sogenannten pluripotenten Stammzellen des Knochenmarkes (also diejenigen, aus denen sowohl die rote wie die weiße Reihe der Blutzellen hervorgeht) zu über 90% in der Ruhephase.

Interessanterweise liegen selbst die in ihrer Regulation defekten Tumorgewebe in diesen beiden Kompartimenten vor. Im Tierexperiment läßt sich nachweisen, daß Zellen kleiner Tumoren, die intensiv wachsen, fast völlig in der Wachstumsfraktion vorliegen, bei großen Tumoren aber Verhältnisse erreicht werden, die denen bei der pluripotenten Stammzelle entsprechen. Da die Zellen in der Wachstumsfraktion durch Cancerostatica leichter abgetötet werden als die in der Ruhephase (unabhängig davon, ob sie normale oder Krebszellen sind), kommt hier eine bedeutende Konsequenz für die Krebschemotherapie zum Ausdruck: ihr Erfolg wird weitgehend vom Verhältnis der Größen der Wachstumsfraktionen im Tumor- und Normalgewebe abhängen. Den variablen und von ihrer Masse abhängigen Anteil liefern dazu im allgemeinen die Tumoren. Kleine Tumoren, die schnell wachsen und sich ausschließlich in der Wachstumsfraktion befinden, lassen sich im Tierexperiment leicht heilen. Auch in der Klinik lassen sich schnell wachsende Tumoren besser chemotherapeutisch beeinflussen. Die meisten dort anzutreffenden Tumoren befinden sich aber in einem Stadium mit einer größeren (d. h. den mitbetroffenen Normalgeweben ähnlicheren und daher ungünstigeren) Ruhefraktion. Solange sich der Übergang zwischen Ruhe- und Wachstumsfraktion für Tumor- und Normalgewebe nicht unterschiedlich manipulieren läßt, erklären diese Befunde nur die mehr oder weniger gute Beeinflußbarkeit von Tumoren in bestimmten Fällen und die Grenzen der Krebschemotherapie mit den heutigen Mitteln im allgemeinen. Trotzdem ergeben sich heute schon begrenzte Hinweise für die Auswahl und Dosisverteilung Cancerostatica [13], auf die hier aber nicht weiter eingegangen werden soll.

Es gibt verschiedene „klassische" Systeme, an denen man das An- und Abschalten der Proliferation untersuchen kann. Das bekannteste in vivo-System ist sicher die regenerierende Leber. Eine Art in vivo- in vitro-System stellt die (in vitro) Stimulierung von (in vivo in die Ruhephase gelangten) Lymphozyten mit Lectinen oder Antigenen dar. Schließlich kann dieser Vorgang auch in der Gewebekultur sehr gut und übersichtlich verfolgt werden. Dazu bringt man entweder die Zellen durch Serum-Entzug in die Ruhephase und regt sie dann durch definierte Serum-Gaben oder Wachstumsfaktoren unter kontrollierbaren Bedingungen wieder zur Proliferation an, oder man untersucht die sogenannte Dichte-abhängige Hemmung der Zellproliferation. Hier handelt es sich darum, daß normale Zellen in Kultur bis zu einer definierten Zelldichte, üblicherweise etwa bis zu einem Monolayer auswachsen, dann aber das weitere Wachstum einstellen. Maligne transformierte Zellen zeigen diesen Wachstums-Stop nicht oder zumindest weniger ausgeprägt, sondern wachsen „criss cross" übereinander. Gerade die Dichte-abhängige Hemmung der Zellproliferation hat als ein spontan auftretendes, „natürliches" Regulationsphänomen, das bei den in ihrer Wachstumsregulation gestörten Krebszellen vermindert ist, eine besondere Rolle in den Versuchen zur Deutung gespielt.

2. Förderung und Hemmung der Zellproliferation

Wie andere Regulationsphänomene auch, so läßt sich die Dichte-abhängige Hemmung der Zellproliferation durch eine Reihe von Eingriffen stören, ohne daß damit in jedem Falle ein Fortschritt hinsichtlich der Erklärung gemacht wird. Natürlich ist der schon früh erfolgte Nachweis von Bedeutung, daß es sich hier nicht um eine einfache Erschöpfung des Mediums an Wachstumsfaktoren handelt [14]. Trotzdem können höhere Serum-Konzentrationen (oder auch solche von Wachstumsfaktoren) einen neuen Wachstumsschub induzieren [15, 16, 17]. Daraus wird gefolgert, daß Zellen bei höherer Dichte auch höhere Konzentrationen an Wachstumsfaktoren benötigen. Zur Erklärung wurde angenommen, daß sich über dem Zellrasen eine Art Diffusionsbarriere ausbildet [18]. Eine weitere Bestätigung für die Bedeutung von Wachstumsfaktoren (im Serum) in diesem Zusammenhang bieten die zahlreichen Befunde, daß maligne Zellen, die keine Dichte-abhängige Hemmung der Zellproliferation zeigen, auch einen viel geringeren Serumbedarf haben.

Die angeführte Deutung geht letztlich darauf aus, die Hemmung durch einen Mangel an fördernden Faktoren zu erklären. Die ursprüngliche, eigentlich auch naheliegende und in der häufig zu findenden Bezeichnung „Kontakthemmung" zum Ausdruck kommende Annahme eines negativen Regulationsprinzips, d. h. einer Hemmung durch Zell-Zell-Kontakte, ist vergleichsweise stark in den Hintergrund getreten. Sie wird im wesentlichen gestützt durch den Nachweis proliferationshemmender Proteine in Zellmembranen (s. u.). Andere Erklärungen gehen davon aus, daß die Dichte-abhängige Hemmung der Proliferation weder durch Zell-Zell-Kontakte noch durch einen Mangel an fördernden Faktoren, sondern durch den eingeschränkten Platz, den die Zelle auf dem Substrat findet, verursacht wird [19, 20]. Insgesamt gibt es bis heute keine endgültige Erklärung dieses Regulationsphänomens. Es ist auch darauf hingewiesen worden, daß die Dichte-abhängige Hemmung der Zellproliferation in Zellkulturen möglicherweise ein artifizieller Prozeß ist, da Zellen (vor allem Fibroplasten, die hierzu häufig untersucht wurden) in vivo durchaus übereinander wachsen und Monolayer mehr ein Epithel-- oder Endothel-Wachstum widerspiegeln [4].

Am Beispiel der Dichte-abhängigen Hemmung der Zellproliferation wird klar, daß sich bei der Deutung derartiger Regulationsphänomene zwei Meinungen gegenüber stehen:

– die Regulation erfolgt über eine mehr oder weniger große Stimulation durch Wachstumsfaktoren,
– die Regulation erfolgt durch eine mehr oder weniger große Hemmung durch Inhibitoren.

Es gibt bisher erstaunlich wenige Versuche zur Zusammenfassung der beiden Ansichten, obwohl sich diese – etwa als Wechselspiel zwischen hemmenden und fördernden Faktoren, wie sie von anderen hormonellen Regulationen bekannt sind – geradezu aufdrängt.

Theoretisch ist ein solches Wechselspiel im Rahmen des Chalonkonzeptes (s. u.) behandelt worden. Bereits in dem Modell von Weiss und Kavanau, das heute allgemein als Grundlage des Konzeptes angesehen wird, wird von „Templaten" und „Antitemplaten" gesprochen [21]. Trotzdem handelt es sich hier nicht um ein Konzept einer antagonistischen Wechselwirkung zwischen positiven und negativen Regulatoren an der Zelle; es wird vielmehr die Zelle in ihrer Gesamtheit einem „Templat" gleichgesetzt, dem ein „Antitemplat" entgegenwirkt. In der Konsequenz ist dann in der Weiterentwicklung im Chalon-Konzept meist auch nur von einem hemmenden Prinzip die Rede. Erst später haben dann Bjerkness und Iversen in einem Modell „Chalon-Antichalon" die Wechselwirkung von fördernden und hemmenden Faktoren behandelt [22]. Eine mögliche Wechselwirkung von negativen Signalen in Form der Zell-Zell-Kontakte mit positiven Signalen durch Wachstumsfaktoren bei der Dichte-abhängigen Hemmung der Zellproliferation wurde auch von Whittenberger und Glaser postuliert [23].

Experimentelle Beiträge, in denen das Konzept einer antagonistischen Wechselwirkung von fördernden und hemmenden Faktoren bewußt zum Ausgangspunkt und Inhalt der Untersuchung gemacht wurde, sind bisher Ausnahmen. Hier sind zu nennen: der Antagonismus eines Chalon-ähnlichen Faktors für das Ehrlich Ascites-Mamma-Carcinom mit Insulin und Proinsulin, auf den im letzten Teil dieser Ausführungen eingegangen wird, von „Colony stimulating factor"-enthaltendem Serum und partiell gereinigtem Granulozyten-Chalon [24, 25, 26] und von aus Thrombozyten stammendem Wachstumsfaktor mit Interferon [27].

Trotz der bisher nur sehr wenigen vorliegenden Befunde möchten wir betonen, daß nach unserer Meinung hier, in der Untersuchung der antagonistischen Wechselwirkung zwischen genau charakterisierten fördernden und hemmenden Faktoren (unter Berücksichtigung der Wechselwirkung mit dem Substrat), der Schlüssel zur Lösung der Frage der Regulation der Zellproliferation liegt.

Die vergangene und gegenwärtige Phase ist aber im wesentlichen durch die Isolierung und Charakterisierung der Faktoren, sowie die Analyse ihres Wirkungsmechanismus bestimmt. Hierauf soll im folgenden in der Reihenfolge Wachstumsfaktoren und ihr Wirkungsmechanismus, hemmende Faktoren, eingegangen werden.

2.1. Die fördernden Faktoren (Wachstumsfaktoren)

Es sind bereits eine Reihe von Wachstumsfaktoren isoliert und in reiner Form dargestellt worden. Die bekanntesten sind sicher der Epidermis-Wachstumsfaktor („Epidermal growth factor", EGF) und der Fibroblasten-Wachstumsfaktor („Fibroblast growth factor", FGF). Sie sind bedingt Keimblatt-spezifisch. Die wirksamen Konzentrationen liegen im ng/ml-Bereich. Weitere, wichtige hier zu nennende Faktoren sind der aus Thrombozyten gewonnene Wachstumsfaktor, die Insulin-artigen Wachstumsfaktoren sowie solche Faktoren, die die Proliferation bestimmter Zellarten stimulieren, wie der Angiogenese-Faktor (ein Wachstumsfaktor für Endothelzellen, von Tumorgeweben produziert) und der Kolonie-stimulierende Faktor („Colony stimulating factor" = CSF), der das Wachstum der myeloischen Reihe im Knochenmark stimuliert.

Der aus Thrombozyten stammende Wachstumsfaktor ist deshalb von besonderer Bedeutung, weil er offenbar die wesentliche Komponente der wachstumsfördernden Wirkung des Serums ist. Er entsteht bei der Gerinnung. Plasma ist unter den üblichen Bedingungen der Zellkultur nicht wachstumsfördernd. Es enthält jedoch eine Reihe von Faktoren (z. B. Nährstoffe, metabolische Hormone, Vitamine), die für den Unterhalt der Zellen in Kultur wichtig sind. Daher wurde vorgeschlagen, Plasma als Medium für die Untersuchung isolierter Wachstumsfaktoren zu benutzen [28]. Es hat sich jedoch erwiesen, daß man hierfür das Serum hypophysektomierter Tiere nehmen muß, um übersichtliche Bedingungen zu haben. Wie schon erwähnt, wurde kürzlich von Gospodarowicz gefunden, daß Plasma für Zellen, die nicht auf Plaste, sondern auf einer von Zellen ausgeschiedenen Matrix wachsen, wachstumsfördernd ist [10]. Das ist eines der Beispiele, die erwarten lassen, in der Zukunft eine stärkere Abhängigkeit der Wirkung humoraler Faktoren von den Substraten, auf denen die Zellen wachsen, aufzufinden.

Untersuchungen mit Plasma haben eine Einteilung der Wachstumsfaktoren in solche erlaubt, die die Proliferation induzieren, und solche, die die weitere Progression durch den Zellzyklus vermitteln [29]. Diese Einteilung ist allerdings nicht allgemein akzeptiert.

Von besonderer Bedeutung für unsere Arbeiten und die folgenden Ausführungen darüber sind das Insulin und die Insulin-artigen Wachstumsfaktoren. Die wachstumsfördernde Wirkung des Insulins ist bereits lange bekannt, und Insulin ist fester Bestandteil aller synthetischen Kulturmedien (d. h. Medien ohne Serum). Die dazu benötigten Konzentrationen liegen z. T. weit über den physiologischen Konzentrationen im Serum [30]. Das hat seine Ursache einerseits in einer Inaktivierung im Medium (Spaltung der S-S-Brücken oder Abbau), zum anderen aber auch darin, daß Insulin selbst nicht der eigentlich wirksame Faktor ist, sondern nur die strukturverwandten Insulin-Wachstumsfaktoren („Insulin growth factors", IGF I und IGF II) mit geringerer Effektivität ersetzt. Es war schon lange bekannt, daß im Serum ein Teil der Insulin-artigen Aktivität in einer Form vorkommt, die nicht durch Insulin-Antikörper hemmbar ist („non suppressible insulin-like activity", NSILA) [31]. Gerade diese NSILA stellte sich jedoch als besonders wachstumsfördernd heraus. Ihre weitere Charakterisierung führte zu 2 Faktoren, IGF I und IGF II, die in ihrer Struktur völlig aufgeklärt wurden [8, 32]. IGF I ist weitgehend identisch mit dem Somatomedin C (als Somatomedine werden wachstumsfördernde Mediatoren der Wachstumshormon-Wirkung bezeichnet). Diese Faktoren binden an der Zelloberfläche an einen eigenen Rezeptor. Sie können jedoch auch mit verminderter Affinität und daher auch verminderter Wirksamkeit (ihre spezifische Stoffwechselwirksamkeit ist gering) an den Insulin-Rezeptor binden [33]. Das gleiche gilt in der umgekehrten Richtung für das Insulin, das an einen eigenen Rezeptor (die Stoffwechselaktivierung vermittelnd) bindet, aber auch mit verminderter Affinität und Wirkung an den Rezeptor für IGF.

Nicht alle Gewebe benötigen so hohe Insulin-Konzentrationen, insbesondere Mamma-Gewebe, Mamma-Tumore, sprechen bereits auf wesentlich niedrigere Konzentrationen an [34, 35, 36]. Auch im Tierversuch wurde die fördernde Wirkung von Insulin sowie eine hemmende von Insulin-Mangel auf das Wachstum von Mamma-Carcinomen nachgewiesen [37, 38]. Interessant ist auch in diesem Zusammenhang, daß Mamma-Tumore selber IGF-ähnliche Wachstumsfaktoren produzieren [39].

Insulin ist in erster Linie ein Stoffwechselhormon. Es erhebt sich also die Frage: wirkt Insulin direkt auf die Proliferation oder nur indirekt über die Stoffwechselaktivierung? Wirken etwa auch andere Wachstumsfaktoren indirekt über eine Stoffwechselaktivierung? Im Falle des Insulins wird diese Frage durch das Vorliegen verschiedener, von der Struktur her verwandter Proteine (Insulin, IGF, dazwischen das Proinsulin) mit abnehmender Stoffwechseleinwirkung bei gleichzeitig zunehmender Wachstumsstimulation zugunsten einer direkten Stimulation der Proliferation entschieden. Auch bei anderen Wachstumsfaktoren, deren Wirkung immer auch mit einer Änderung des Stoffwechsels einhergeht, ist offenbar die Stimulierung der Proliferation primär, die Stoffwechselaktivierung eine Folge. Es wurde jedoch beschrieben, daß z. B. der FGF in Zellen, die er nicht zur Proliferation anregt, Veränderungen verschiedener zellulärer Prozesse verursachen kann [40].

Zum Wirkungsmechanismus der Wachstumsfaktoren sei nur erwähnt, daß sie mit den von anderen Peptid-Hormonen her bekannten Methoden — auch hier ist Insulin ein gutes Beispiel — erforscht wurden und bisher gleichartige Ergebnisse erhalten wurden. Danach erfolgte zunächst eine Bindung an einen Rezeptor mit einer negativen Kooperativität (abnehmende Affinität mit zunehmender Besetzung des Rezeptors) [41]. In letzter Zeit sind jedoch auch Zweifel aufgekommen, ob diese negative Kooperativität wirklich immer vorliegt [42]. So wurde sie z. B. beim Insulin auf einen Fehler in der Interpretation der Ergebnisse zurückgeführt [43].

Der Bindung folgt eine Internalisierung des Rezeptor-Faktor-Komplexes, von der man noch nicht genau weiß, ob und inwieweit sie am Wirkungsmechanismus beteiligt ist [44—49]. Überwiegend wird jedoch die Internalisierung als ein Mittel zum Abbau des Komplexes gesehen.

Wie schon erwähnt, ist selbst für Insulin der eigentliche Signalwandel noch unklar. Hier wie auch bei den Wachstumsfaktoren wird häufig das System der zyklischen Nukleotide als 2. Signalsystem angeführt. Für die Regulation der Zellproliferation gilt überwiegend, daß ein Anstieg des cAMP zu einem Proliferations-Stop führt, während ein solcher des cGMP wachstumsfördernd ist [50].

Andererseits werden z. B. Epidermis-Zellen in der Proliferation durch cAMP gefördert, und generell muß gesagt werden, daß die Rolle des Systems der zyklischen Nukleotide bei der Regulation der Zellproliferation noch unklar ist [51]. Es bleiben auch berechtigte Zweifel, ob das zyklische Nukleotid-System spezifisch genug ist, um die Induktion sehr spezifischer Zelleistungen zu vermitteln (z. B. Unterscheidung der Insulin-Wirkung nach Bindung an seinen Rezeptor mit der Auslösung bestimmter Stoffwechselvorgänge, von der nach Bindung an den IGF-Rezeptor mit der Vorbereitung der Proliferation). Man könnte als Alternative annehmen, daß die Bindung eines Faktors an seinen Rezeptor die Freisetzung eines hochspezifischen Botens (z. B. eines Peptides) an bestimmte Zellorganellen (z. B. Zellkern) bewirkt. Für Insulin wurde kürzlich beschrieben, daß nach Bindung an den Rezeptor in isolierten Membranen im Überstand des Inkubationsansatzes ein Faktor nachweisbar ist, der in isolierten Mitochondrien Insulin-typische Reaktionen induziert [52]. Auch hier könnte wiederum das Insulin ein gutes Modell bieten. Für den EGF-Rezeptor wurde gefunden, daß er mit einer Protein-Kinase gekoppelt ist [53, 54], die bei Bindung stimuliert wird. Sie zeigt eine gewisse, aber nicht vollständige, immunologische Verwandtschaft zu den Produkten der sogenannten Onkogene (z. B. sarc-Gen), die in onkogenen Viren und Zellen vorkommen [55, 56]. Diese Kinasen unterscheiden sich von anderen dadurch, daß sie Tyrosin und nicht etwa Threonin oder Serin phosphorylieren. Das gleiche gilt für die

EGF-Protein-Kinase. Da die viralen Onkogene über die Tyrosin-spezifischen Protein-Kinasen als ihrer Produkte offenbar direkt für die maligne Transformation von Zellen verantwortlich sind, ist ihre Beziehung zur EGF-Protein-Kinase, die mit der normalen Proliferation verbunden ist, besonders interessant. Nach letzten Befunden [57] gibt es mehrere Protein-Kinasen (mit enger Verwandtschaft zu den Onkogen-Produkten verschiedener Tumorviren), die in einer Art Kaskaden-Regulation jeweils phosphorylieren bzw. phosphoryliert werden, wobei die Auswirkungen im einzelnen noch nicht bekannt sind.

Insulin und IGF phosphorylieren ein bestimmtes Ribosomen-Protein, sicher im Zusammenhang mit einer Änderung des Stoffwechsels [58, 59]. Diese Phosphorylierung erfolgt auch in zellfreien Systemen durch Homogenate von Zellen, die zuvor kurze Zeit mit Insulin oder EGF behandelt wurden [60]. Der FGF bewirkt in ruhenden Zellen nach kurzer Zeit die Phosphorylierung eines Membran-Proteins [61].

Es sei noch auf zwei weitere Befundreihen, Wachstumsfaktoren betreffend, eingegangen, die in enger Beziehung zum Krebsproblem stehen. Es wurde beobachtet, daß verschiedene Tumorzellen die Fähigkeit verlieren, Wachstumsfaktoren zu binden. So verlieren z. B. durch Katzen- oder Maus-Sarcom-Virus transformierte Zellen die Fähigkeit den EGF zu binden, während z. B. die Bindung eines anderen Faktors, der sogenannten „multiplication stimulating activity", MSA, unverändert ist [62]. Dagegen ist bei 2 Linien eines Fibrosarcoms des Menschen die Bindungsfähigkeit für MSA verlorengegangen, nicht aber die für EGF [63, 64]. Aufgrund dieser Befunde wurde die Theorie aufgestellt, daß die Zelle nach Transformation eigene Wachstumsfaktoren bildet, die die Rezeptoren besetzen und sie damit für die normalen, immer aus anderen Geweben stammenden Wachstumsfaktoren blockieren, aber gleichzeitig so eine ständige Eigenstimulation der Zelle zur Proliferation bewirken [63]. Obwohl dieser Theorie widersprochen wurde [65], hat sie doch eine erfolgreiche Suche nach diesen Wachstumsfaktoren ausgelöst. So konnten aus den verschiedensten Tumorgeweben eine Reihe von Wachstumsfaktoren isoliert werden [66—69]. Sie werden von den Autoren als „maligne" Wachstumsfaktoren bezeichnet, da sie im Gegensatz zu den normalen Faktoren den malignen Phenotyp des Wachstums auslösen, nämlich „criss cross"-Wachstum und Unabhängigkeit von einem festen Substrat.

In ähnlicher Weise verhalten sich bestimmte chemisch-synthetische Verbindungen, die als sog. Tumor-Promotoren schon sehr lange bekannt sind. Die Verbindungen sind selbst nicht kanzerogen, realisieren aber die kanzerogene Wirkung an sich unterschwelliger Dosen von Kanzerogenen. In der Kultur verhalten sie sich in gewisser Weise wie Wachstumsfaktoren. Sie induzieren DNS-Synthese und die immer beim Übergang zur Proliferation auftretende Ornithin-Decarboxylase-Aktivität [70, 71]. Sie gleichen den bösartigen Wachstumsfaktoren, indem sie den malignen Wachstumstyp induzieren [72, 73], und binden offenbar, ebenfalls wie Wachstumsfaktoren, an bestimmte Rezeptoren der Zelloberfläche [74, 75]. Ihre Bindung verursacht eine Hemmung der Bindung von EGF, offenbar aber nicht dadurch, daß sie den EGF Rezeptor besetzen, sondern eine Konformationsveränderung der Membran bewirken, die die EGF-Bindung labilisiert, so daß ein schneller Zerfall des EGF-Rezeptor-Komplexes eintritt [76, 77, 78]. Es wurde die Theorie aufgestellt, daß die Promotor-Wirkung dieser Verbindungen dadurch zustande kommt, daß sie die Fähigkeit besitzen, das Effektor-System eines Wachstumsfaktors zu usurpieren und so die normale Wachstumsregulation zu unterlaufen [79].

Der Wirkung der Promotoren entgegengesetzt ist die der Retinoide, die in den letzten Jahren als Mittel zur Tumorprophylaxe im Blickpunkt der Öffentlichkeit gestanden haben. Sie verhindern die o. g. Wirkungen der Promotoren wie auch der malignen Wachstumsfaktoren [80, 81]. An einer Embryo-Carcinom-Linie wurde gezeigt, daß sie durch Retinoide zur Differenzierung gebracht werden konnte, den Rezeptor für EGF entwickelte, daher auf EGF ansprach und weniger tumorigen wurde [82].

Das Beispiel der malignen Wachstumsfaktoren, der Tumor-Promotoren und der Retinoide und ihrer Wechselwirkung mit den normalen Wachstumsfaktoren zeigt, wie nahe wir schon auf dem Gebiet der Wachstumsfaktoren der Entdeckung wichtiger Zusammenhänge im Prozeß der malignen Entartung sind.

Zusammenfassend kann man über die Wachstumsfaktoren sagen, daß es bereits sehr viele gesicherte Befunde über ihre Natur und ihre Wirkungsweise gibt. Ihre Rolle bei der Regulation der Zellproliferation in vivo ist jedoch im wesentlichen noch unklar, da sie überwiegend in vitro untersucht wurden (Ausnahme EGF, der im Tierversuch entdeckt wurde [83]).

2.2. Die hemmenden Faktoren

Im Gegensatz zu den Wachstumsfaktoren gibt es nur wenige gesicherte Befunde über die die Proliferation hemmenden Faktoren, wenn man vom Interferon absieht, das gerade in der letzten Zeit im Zusammenhang mit der Hemmung der Proliferation in den Mittelpunkt des Interesses gerückt ist, ursprünglich aber wegen seiner antiviralen Wirkung untersucht wurde. Auf das Interferon soll hier nicht weiter eingegangen werden, da es Gegenstand einer Extrabetrachtung sein wird.

Die bekanntesten (und umstrittensten) Hemmfaktoren der Zellproliferation sind sicher die Chalone. Sie sind nach einer Definition, die durch Bullough vor mehr als 20 Jahren eingeführt wurde, Gewebe-spezifische, Spezies-nicht-spezifische, reversible Hemmstoffe der Zellproliferation, die auf das Gewebe zurückwirken, in dem sie produziert wurden [84]. Obwohl in der Zwischenzeit etwa 600 Veröffentlichungen über Chalone erschienen sind, ist bisher noch kein Chalon in reiner Form isoliert und charakterisiert worden. Daher ist die Rolle der Chalone noch unklar und selbst ihre Existenz angezweifelt worden. Die Chalone liegen damit weit hinter den Wachstumsfaktoren zurück, die im gleichen Zeitraum umfassend charakterisiert werden konnten (s. o.). Die Gründe für die Schwierigkeiten, auf dem Chalon-Gebiet weiter zu kommen, sind nicht ganz klar. Es sollte jedoch daran erinnert werden, daß auch Interferon, welches sich seit einem ähnlichen Zeitraum in der

Untersuchung befindet, lange Zeit in seiner Bedeutung umstritten war und es heute noch üblicherweise nur in kleinen Mengen hochgereinigt zur Verfügung steht, während z. B. klinische Versuche bis in die jüngste Zeit mit sehr unreinen Präparaten (0,1—1,0%ig an Interferon!) durchgeführt werden. Daß sie überhaupt in Angriff genommen werden konnten, ist mehr das Verdienst einzelner beharrlicher Forscher wie KANTELL in Finnland, als etwa einer zielstrebigen Entwicklung in prominenten wissenschaftlichen Zentren oder gar in der Pharma-Industrie zu verdanken. Es ist sehr interessant, KANTELLS Gedanken über die Historie dieser Entwicklung und ihre Problematik zu lesen [85].

Obwohl die Chalone im Vergleich zu den Wachstumsfaktoren weniger gut charakterisiert wurden, gibt es doch schon eine Reihe von Untersuchungen über die Wirkung von Chalonen im Tierversuch. Ein Höhepunkt der Chalon-Forschung ist sicher die von RYTÖMAA mit partiell gereinigtem Granulozyten-Chalon durchgeführte Behandlung von Patienten mit myeloischen Leukämien, bei der sehr gute Resultate erzielt wurden [86, 87]. Leider handelt es sich nur um wenige (7) Patienten, und die Untersuchungen wurden durch die Menge an verfügbarem Chalon limitiert. Hier ist die Situation ähnlich wie beim Interferon (wo z. Zt. auch die Bereitstellung der Substanz das Tempo des Fortschritts der klinischen Untersuchungen bestimmt und zur Lösung dieses Problems jetzt die Methoden des „genetic engineering" eingesetzt werden. Hiervon ist die Chalon-Forschung noch weit entfernt, jedoch kann bei optimistischer Betrachtung eine ähnliche Entwicklung erwartet werden).

Ein großer Verdienst des Chalon-Konzeptes ist es, daß es nicht nur kritische Gedanken über die gegenwärtigen Vorstellungen zur Regulation der Zellproliferation angeregt, sondern auch einen Leitfaden zur Suche nach hemmenden Faktoren geboten hat. Während nämlich bei den die Proliferation fördernden Wachstumsfaktoren, wie oben angeführt, es vereinzelt Probleme in der Abgrenzung gegen die Stoffwechselhormone gibt, ist die Gefahr von Fehlinterpretationen bei den hemmenden Faktoren noch viel größer, da es schließlich ja mit jeder Substanz möglich ist, zumindest in Kultur eine Hemmung der Proliferation hervorzurufen. So konnten Chalon-Effekte in einzelnen Fällen auf Polyamine und bei Tests, die auf der Hemmung des Einbaus von ^{3}H-Thymidin beruhen (häufig verwandt in der Chalon-Forschung), auf die Verdünnung des radioaktiven Thymidins durch kaltes Thymidin in den Chalon-Extrakten oder auf Thymidin-abbauende Enzyme zurückgeführt werden [88]. Die Verfügbarkeit eines einfachen sicheren Testsystems ist sicher von entscheidender Bedeutung für Fortschritte bei der Chalonforschung.

Chalone, die in der Entwicklung der Chalonforschung eine besondere Rolle gespielt haben und zumindest partiell gereinigt und charakterisiert wurden, sind das Epidermis-Chalon [89, 90, 91], das Granulozyten-Chalon [92, 93, 94] und das Lymphozyten-Chalon [95—98].

Als eine weitere Gruppe von Hemmfaktoren können gewisse Membran-Proteine betrachtet werden, die die Protein-Synthese und/oder die Zellvermehrung hemmen. Hier sind Proteine aus HeLa-Zellen zu nennen, die die Proteinsynthese hemmen

[99], sowie Glykoproteide aus Hirn, die Proteinsynthese und Proliferation hemmen [100]. Für 3T3-Zellen wurde nachgewiesen, daß Präparationen von Zellmembranen die Proliferation hemmen [101]; die dafür verantwortlichen Proteine konnten isoliert werden [102]. Sie kommen in Normalzellen vor, nicht jedoch in maligne transformierten. Letztere werden auch nicht im Wachstum gehemmt. Ein anderes, „fibroblast growth regulatory factor" bezeichnetes Protein wurde von der Zelloberfläche von ruhenden BALB/c3T3 Zellen gewonnen [103]. Er wurde auch in SV40-transformierten Zellen gefunden, die jedoch selber darauf nicht ansprechen.

Erstaunlich ist, daß Chalone, Interferone und hemmende Membranproteine kaum je miteinander verglichen wurden. Dabei liegen Gemeinsamkeiten zumindest bezüglich des methodischen Vorgehens sehr nahe. Für die Chalone sollte außerdem noch diskutiert werden, ob sie nicht abgestoßene Membran-Bestandteile sind und damit ebenfalls zu den hemmenden Membran-Proteinen gehören. Wenn wir annehmen, daß es membranständige Proteine gibt, die primär lokal an der Regulation der Zellproliferation beteiligt sind, die aber auch noch wenn sie von der Membran abgelöst sind, ihre regulatorischen Eigenschaften erhalten, so könnten sie dann als eine Art humoraler Faktoren in der gleichen Weise wirksam werden. Auf eine solche mögliche Herkunft der Chalone weisen die beobachtete Heterogenität des Molekulargewichtes hin (die abgelösten Membranbestandteile müssen nicht immer von gleicher Größe sein) sowie auch die Tatsache, daß sie häufig unter Bedingungen, die sicher eine Autolyse der Zelle beinhalten, gewonnen werden.

3. Ein Chalon-ähnlicher Hemmfaktor für das Ehrlich Ascites Mamma-Carcinom

Bei unseren eigenen Arbeiten über Hemmfaktoren haben wir uns von dem Chalon-Konzept leiten lassen, ohne es als ein Dogma anzusehen. Wir haben sowohl Untersuchungen über das Granulozyten-Chalon durchgeführt, über die hier aber nicht weiter berichtet werden soll (über einige Ergebnisse s. [26, 104]), als auch über einen Hemmfaktor für das Ehrlich-Ascites Carcinom (EAC) der Maus, worauf im folgenden eingegangen werden soll.

Das Ehrlich Ascites Carcinom ist ein Mamma-Carcinom, das vor etwa 75 Jahren von Paul Ehrlich bei Mäusen erzeugt und seitdem durch Transplantation erhalten wird. Es ist sicher einer der ältesten Transplantationstumore die wir kennen und wird weltweit sehr häufig untersucht. Es ist leicht zu erhalten, und wir verfügen durch die Arbeiten von Erwin Negelein über ein einfaches System für die Vermehrung dieses Tumors in vitro [105]. Dabei werden die von der Maus entnommenen Zellen in einer Suspensions-Kultur für 24 Stunden inkubiert, und durch Zellzählung wird die Vermehrung bestimmt. Man hat so nach einem Tag Testergebnisse, die auf einer echten Hemmung der Proliferation beruhen und nicht auf der mit größeren Fehlern belasteten indirekten Methode der Proliferationsmessung durch die Bestimmung des Einbaus von ^{3}H-Thymidin in die DNS.

Bei der Auswahl der potentiellen Chalon-Quelle haben wir uns nach Angaben von Bichel [106] gerichtet, der für einen anderen Ascites Tumor, ein Plasmocytom, einen Chalon-artigen Inhibitor unter Proteinen mit einem Molekulargewicht von 10 bis 50 000 Dalton fand, die er durch Ultrafiltration gewonnen hatte. In der gleichen Weise konnten wir aus EAC-Zellen, der zellfreien Ascites-Flüssigkeit und schließlich aus Kuheuter einen Faktor gewinnen, der sich nach seiner Reinigung aus dem letztgenannten Material als hochwirksam erwies [26, 107–110].

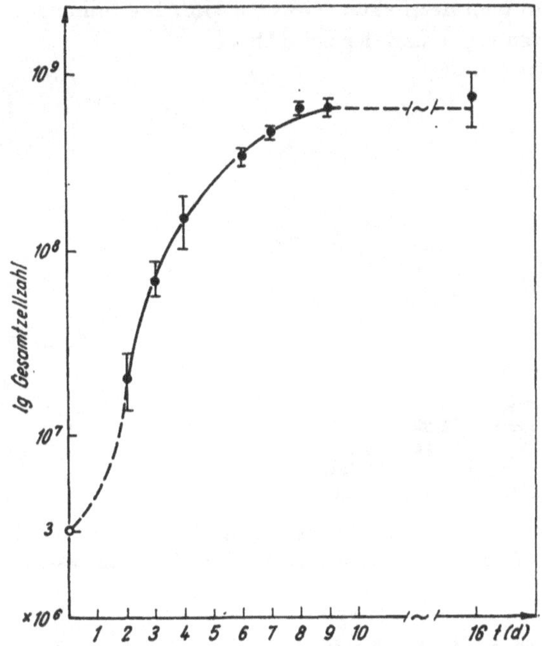

Abb. 2 Wachstumskurve von Ehrlich Ascites Mamma Carcinom-Zellen in vivo

Die Wirkung des Faktors ist abhängig vom Wachstumszustand der Zellen. In Abb. 2 ist der Wachstumsverlauf des EAC in der Bauchhöhle der Maus wiedergegeben. Einer exponentiellen Wachstumsphase folgt ein stationärer Zustand, in dem keine Vermehrung mehr erfolgt, die Zellen aber am Leben bleiben. Dieser Zustand ist beim EAC besonders gut ausgeprägt, da die Tiere auch mit einer großen Tumor-Masse relativ lange überleben (d. h. die Tumorzellen offenbar nicht andere Organsysteme invasiv befallen; als Vergleich sei angeführt, daß z. B. die Mäuse-Leukämie L1210 unter vergleichbaren Bedingungen die Tiere schon nach 7 Tagen abtötet, so daß die Plateau-Phase nicht erreicht wird).

Werden Zellen der exponentiellen Phase in Kultur gebracht, so setzen sie ihr Wachstum fort und vermehren sich in 24 Stunden auf etwa das Doppelte. Zellen der stationären Phase nehmen in Kultur das Wachstum wieder auf und erreichen eine Vermehrung von etwa 75% (häufig auch mehr) in 24 Stunden. Es ist nur der letztgenannte Prozeß, die Wiederaufnahme der Proliferation, der durch den Faktor beeinflußt wird.

Zellen, die sich in der Phase intensiver Proliferation befinden, werden unter den Bedingungen des Testsystems nicht beeinflußt. Stationäre Zellen, die bevor sie mit dem Faktor behandelt werden, in Serum-haltigem Medium inkubiert wurden, werden gegen den Faktor resistent. Offenbar werden sie dabei so stimuliert, daß sie einen Kontrollpunkt passieren, an dem der Faktor wirksam wird. Die Stimulation ist abhängig von der Serum-Konzentration und der Zeit (Abb. 3).

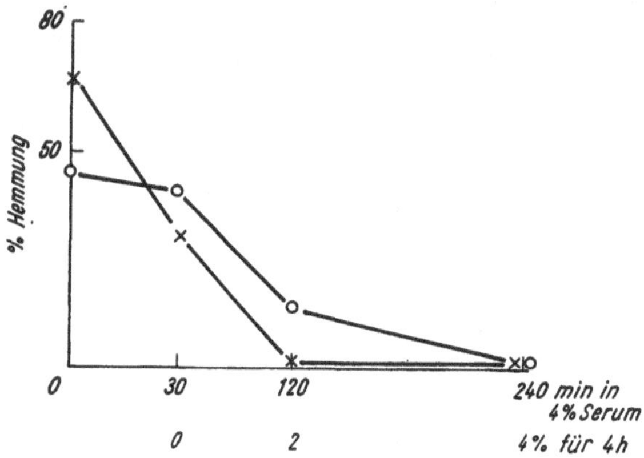

Abb. 3 Verlust der Sensibilität gegen den Hemmfaktor bei Vorinkubation mit verschiedenen Serumkonzentrationen o—o—o oder verschiedenen Zeiten bei 4% Serum x—x—x, nach [109]

Der eben beschriebene Stimulations-Effekt war für uns von besonderer Bedeutung, um die „echte", Faktor-bedingte Hemmung gegenüber der anderer, artifizieller Inhibitoren abzugrenzen. Letztere, wie z. B. Polyamine und alle synthetischen Cytostatika, hemmen stimulierte Zellen ebenso gut oder besser als nicht stimulierte.

Das unterschiedliche Verhalten von stationären und schnell wachsenden Zellen gegenüber dem Faktor kann verschiedene Gründe haben:

— das Testsystem spiegelt die in vivo-Bedingungen nicht richtig wider (so z. B. ist die Zelldichte wesentlich geringer als in vivo, die üblicherweise untersuchten Zeiträume umfassen nur etwa einen Zellzyklus usw.). Daher könnte ein Einfluß des Faktors auf proliferierende Zellen oder die Wiederherstellung der Sensibilität nach vollzogener Zellteilung übersehen werden. Auch in diesem Zusammenhang sei noch einmal auf die o. g. Befunde von Gospodarowicz über die Bedeutung des Substrates auf die Wachstumsfaktor-Wirkung verwiesen. Ähnliches mag auch für Hemmfaktoren gelten;

— ein anderer Faktor, der für den Wachstums-Stop proliferierender Zellen mit benötigt wird, wird abgetrennt;
— der Faktor hemmt wirklich nur den Übergang von der Ruhe- in die Wachstumsphase;
— es kommt hier die gestörte Regulation von Krebszellen (und zwar solcher, die schon 75 Jahre maligne wachsen) zum Ausdruck (normale Mamma-Epithelzellen haben wir noch nicht untersucht).

Es folgt u. a., daß die für ein „klassisches" Chalon nachzuweisende Target-Zell-Spezifität nicht so leicht zu zeigen ist, da auch bei den Vergleichszellen ein geeigneter Wachstumsstatus, der Übergang von der Ruhe- zur Wachstumsphase vorliegen muß.

Auch für andere Chalone wurde eine geringere Wirkung auf rasch proliferierende Zellen nachgewiesen. So wirkt z. B. das Epidermis-Chalon nicht auf die Epidermis neugeborener Tiere [111, 112] und weniger auf stimulierte und regenerierende Epidermis [113, 114], bzw. in den Phasen intensiver Proliferation innerhalb der Tagesrhythmik [115]. Granulozyten-Chalon wirkt nicht auf die Kolonie-Bildung in Agar durch regenerierendes Knochenmark [26].

Auch Interferon wirkt weniger auf rasch proliferierende Zellen als auf solche, die von der Ruhe- in die Wachstumsphase übergehen [116].

In den üblicherweise verwandten Testzellpopulationen sprechen nicht alle Zellen auf den Faktor an. So wird im allgemeinen nur eine 40—60%ige Hemmung erreicht. Abb. 4 zeigt eine impulscytophotometrische Analyse der Passage einer Testzellpopulation durch den Zellzyklus. Nach bisherigen Befunden sind die G_2-Zellen nicht oder zumindest weniger sensibel. Abb. 5 gibt die normale und die durch den Faktor beeinflußte Passage einer Zellpopulation, aus der die G_2-Zellen über einen Gradienten abgetrennt wurden (und die etwa zu 75% aus G_1-Zellen besteht), durch den Zellzyklus wieder. Die verzögerte Passage der behandelten Zellen ist deutlich erkennbar.

Von einem physiologischen Hemmfaktor der Zellproliferation kann erwartet werden, daß er mit Wachstumsfaktoren in einem antagonistischen Verhältnis steht. Auf diese Problematik ist eingangs bereits verwiesen worden. Ebenfalls wurde bereits erwähnt, daß Insulin ein besonders guter Wachstumsfaktor für Mamma-Gewebe ist. Wir haben daher den Einfluß von Insulin auf die Hemmung durch den Faktor untersucht und in die Untersuchung auch Proinsulin mit einbezogen. Proinsulin steht in seiner Struktur zwischen dem Insulin und dem o. g. IGF. Es hat kaum Stoffwechselwirkung, aber eine beträchtliche Wachstumsfaktor-Wirkung [117]. Wie Abb. 6 zeigt, kann sowohl Insulin als auch Proinsulin in sehr kleinen Konzentrationen die Hemmung verhindern. Da auch Proinsulin wirkt, das kaum Stoffwechselwirkung besitzt, kann gefolgert werden, daß der beobachtete Effekt nicht über eine Stoffwechselaktivierung zustande kommt, sondern direkt die Wachstumsregulation betrifft.

Insulin ist hier in physiologischen Konzentrationen wirksam. Geht man von dem weiter unten beschriebenen Molekulargewicht von 15 000 und der spezifischen Ak-

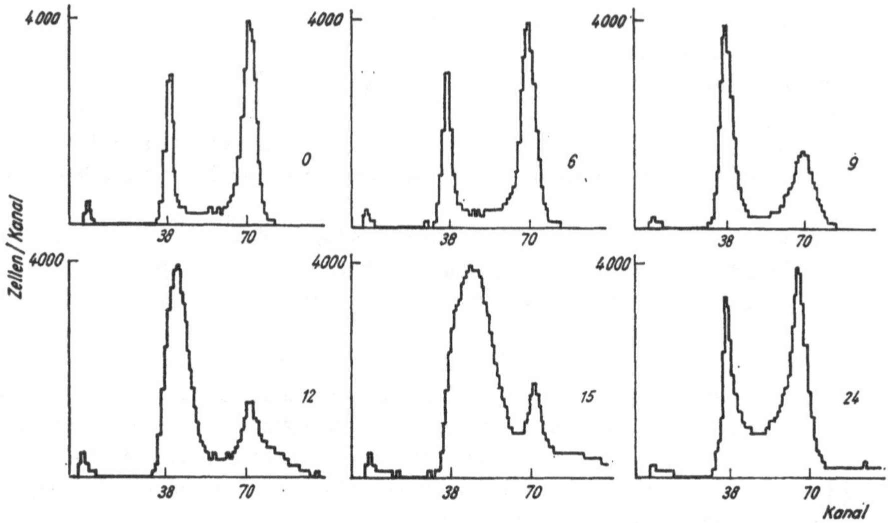

Abb. 4 Passage der Kontrollzellen durch den Zellzyklus, nach [110], Zahlen = Stunden Inkubation. Erwartungsgemäß teilen zunächst die G_2-Zellen. Da zu dieser Zeit die Hemmung durch den Faktor noch niedrig ist [109, 110], sind die G_2-Zellen offenbar wenig beeinflußt

tivität von 80 000 Einheiten/mg Protein[1] für den gereinigten Faktor aus, so kann man für diesen eine im gleichen Bereich liegende Konzentration (1×10^{-9} M) erreichen. Hier kommt die hohe Wirksamkeit des Faktors besonders deutlich zum Ausdruck. Die Insulin-Konzentration, die benötigt werden, um den Faktor-Effekt zu verhindern, sind abhängig von der Faktorkonzentration. Das wurde bisher aber nur an relativ unreinen Faktorpräparationen untersucht und muß noch einmal mit einer reinen Präparation in quantitativer Hinsicht untersucht werden.

Aufgrund der postulierten Eigenschaften der Chalone (gewebs-spezifisch, nicht Spezies-spezifisch) haben wir geprüft, ob Kuheuter unseren Faktor enthält, um damit auch gleich ein geeignetes, in großer Menge leicht erhältliches Ausgangsmaterial zur Isolierung zu haben. Wir fanden, daß Euter unseren Faktor in großer Menge enthält. 1 kg lactierenden Euters enthält bis zu 150 000 Einheiten, 1 kg EAC Zellen, zum Vergleich, etwa 30 000 Einheiten, 1 Liter Ascites-Flüssigkeit maximal 17 000 Einheiten. Obwohl nicht immer die gleichen Methoden zur Isolierung gewählt wurden und der Vergleich daher nicht ganz exakt ist, geht doch die Eignung von Kuheuter als Quelle für den Faktor daraus deutlich hervor. Sicher wäre es auch interessant, Euter verschiedener physiologischer Zustände bezüglich des Faktorgehaltes zu vergleichen. Eine Menge von 150 000 Einheiten pro kg Kuheuter bedeutet bei Zugrundelegung der o. g. spezifischen Aktivität eine Protein-Menge

1 Als eine Einheit pro ml bezeichnen wir diejenige Faktorkonzentration, die eine halbmaximale Hemmung im Testsystem ergibt.

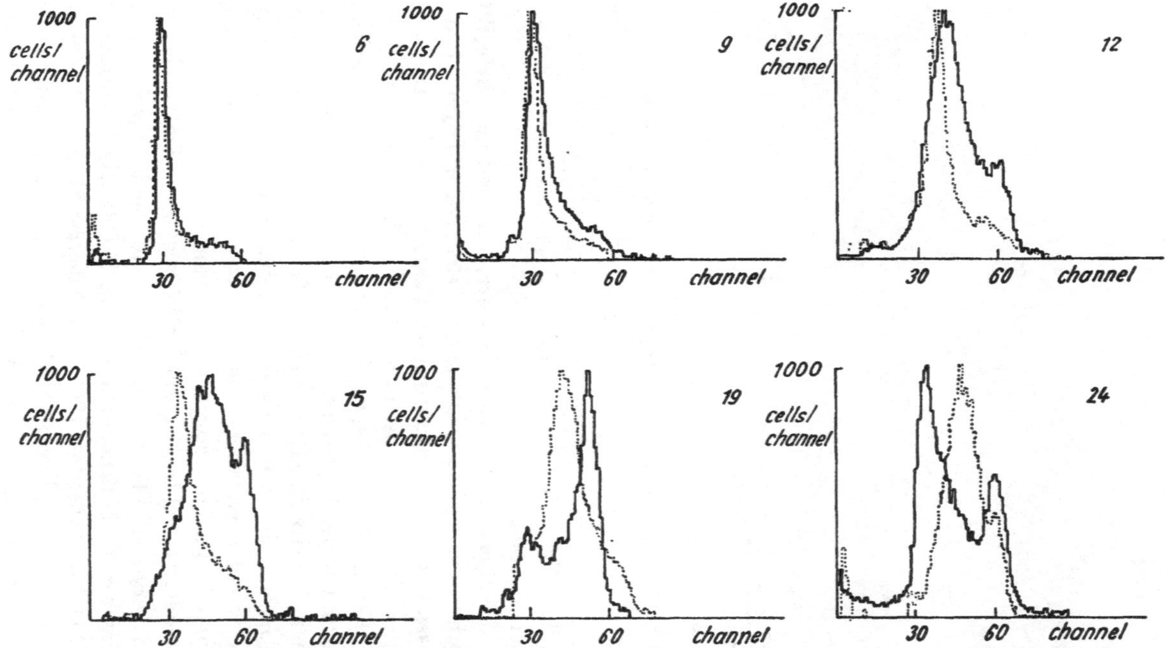

Abb. 5 Passage einer weitgehend (etwa 75%) aus G_1-Zellen bestehenden Zellpopulation, die durch Abtrennung der G_2-Zellen und vieler S-Phasen-Zellen über einen Dichtegradienten erhalten wurde, durch den Zellzyklus, Kontrollen ———, Faktor-behandelte Zellen – – – –

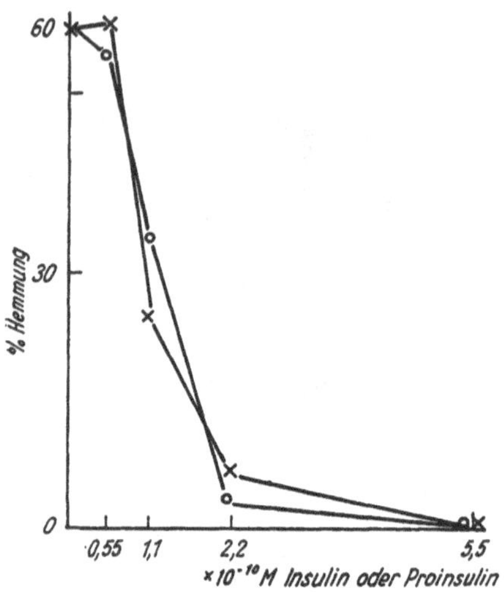

Abb. 6 Aufhebung der Faktor-Hemmung durch Insulin und Proinsulin, nach [109]

von fast 2 mg. Diese Menge ist viel höher, als frühere Schätzungen über den Chalon-Gehalt von Geweben angeben.

In andern Geweben der Maus wie Leber, Niere, Herz, Milz und Leukämie 1210 und in Organen der Kuh wie maligner Lymphknoten, Leber, Niere, Thymus konnte kein Faktor nachgewiesen werden. Die Reinigung des Faktors aus Kuheuter erfolgte nach Homogenierung und Gewinnung eines Partikel-freien Überstandes durch Ammoniumsulfat-Fällung, Gelfiltration an Sephadex G75 und Affinitätschromatographie an Weizenkeimlectin-haltiger Sepharose. Hieran bindet der Faktor und kann durch N-Acetylglucosamin wieder abgelöst weden. Außer an dieses Lectin bindet der Faktor noch an Concanavalin A und Lectine aus der Weinbergschnecke und aus Ricinus stark, aus Soja-Bohnen schwach und aus Erdnuß nicht. Die Bindung an Lectine weist auf die Glycoprotein-Natur des Faktors hin.

Der so isolierte Faktor zeigt sowohl nach normaler Polyacrylamid-Elektrophoreses als auch nach SDS-Polyacrylamid-Elektrophorese nur eine Bande. Vergleiche mit bekannten Proteinen ergeben ein Molekulargewicht von 15 000. Die spezifische Aktivität ergibt sich zu 80 000 Einheiten/mg Protein. Mit diesem Wert ist im Zusammenhang mit dem Insulin und dem Faktorgehalt von Geweben gerechnet worden.

Die weitere Charakterisierung, vor allem auch die Gewinnung größerer Mengen gereinigten Materials steht noch aus.

Der Faktor ist nicht identisch mit anderen Hemmfaktoren für das EAC,wie sie z. B. von Gonzáles und Verly ebenfalls aus Kuheuter [118] und von Nakai [119, 120] sowie von Werner und Maier aus EAC-Zellen bzw. deren Kultur-Flüssigkeit [121] gewonnen wurden. Der Faktor aus Kuheuter hat ein kleineres Molekulargewicht, er und die anderen Faktoren werden an ihrem direkten Einfluß auf die

DNS-Synthese, der unserem Faktor fehlt, nachgewiesen. Daten über eine Hemmung der Zellproliferation durch diese Faktoren liegen nicht vor.

Zusammenfassend kann gesagt werden, daß wir einen neuen Faktor isoliert haben, der in sehr geringen Konzentrationen (im physiologischen Konzentrationsbereich von Hormonen wie Insulin) die Aufnahme der Zellproliferation verhindert und dabei eine antagonistische Wechselwirkung mit Insulin zeigt. Der Faktor hat einige Eigenschaften, wie sie für Chalone zwar postuliert, aber noch nie an gereinigten Präparaten nachgewiesen wurden.

Eine Reihe von Fragen bleibt offen:

— was bestimmt die Sensibilität von Zellen
— wie ist der Wirkungsmechanismus (Bindung an Rezeptor?)
— welche Parallelen bestehen zum Interferon
— ist der Faktor ein losgelöstes regulatorisches Protein von der Zelloberfläche
— wie wirkt der Faktor auf die Differenzierung von Mamma-Epithelzellen, die man heute schon in vitro gut untersuchen kann [122—125]
— ist der Faktor in vivo wirksam, hemmt er etwa das Wachstum von Mamma-Carcinomen und hat somit praktische Bedeutung
— wie kann der Faktor ggf. in größeren Mengen gewonnen werden, kommt er — wie das Interferon — für das „genetic engineering" in Frage?

Mit dem schnellen und unkomplizierten Testsystem, dem leicht in größerer Menge erhältlichen Ausgangsmaterial und einem Antagonisten wie Insulin, der jederzeit hochgereinigt zur Verfügung steht, sind sicher viele der entstehenden Fragen experimentell angehbar.

Diese und darüber hinausgehende Untersuchungen mit Interferonen und Membranbestandteilen, unter Einbeziehung der Regulation auf der Ebene der Replikation, Transkription und Translation, ermöglichen bei Erhalt von Spezialisierung und methodischer Vielfalt die Untersuchung eines einheitlichen Problems durch viele, verschieden orientierte Gruppen. Die Untersuchung der Regulation der Zellproliferation als eines zentralen Problems der Biologie und Medizin ist gerade wegen ihrer Komplexizität geeignet, integrativ zu wirken.

Für wertvolle Diskussionen, insbesondere über die Rolle der Membran für die Regulation der Zellproliferation, danken wir Herrn Professor K. Repke, Herrn Dr. sc. R. Schön und Herrn Dr sc. R. Grosse.

Literatur

[1] Springers Handbuch der experimentellen Pharmakologie (Bd. 57) über Growth factors, Hrsg. R. Baserga, Berlin, Heidelberg, New York 1981.

[2] Chalones, Hrsg. I. C. Houck, North-Holland Publishing Comp. Amsterdam, Oxford, American Elsevier Publishing Comp. Inc. New York 1976.

[3] Golde, D. W.: Ann. Intern. Medicine **92** (1980) 650.

[4] Gospodarowicz, D., Greenburg, G., Bialecki, H. and Zetter, B.: In vitro **14** (1978) 85.

[5] CARPENTER, G. and COHEN, S.: Ann. Review Biochem. **48** (1979) 193.
[6] ADAMSON, E. D. and REES, A. R.: Mol. Cell. Biochem. **34** (1981) 129.
[7] SCHER, C. D., SHEPARD, R. C., ANTONIADES, H. N. and STILES, C. D.: Biochem. Biophys. Acta **560** (1979) 217.
[8] BLUNDELL, T. L. and HUMBEL, R. E.: Nature **287** (1980) 781.
[9] HEIDEMANN, E.: Klin. Wochenschr. **58** (1980) 1117 u. 1167.
[10] GOSPODAROWICZ, D. and ILL, C. R.: Proc. Natl. Acad. Sci. **77** (1980) 2726.
[11] GOSPODAROWICZ, D., DELGADO, D. and VLODAVSKY, I.: Proc. Natl. Acad. Sci. **77** (1980) 4095.
[12] HELLMAN, S., BOTNICK, L. E., HANNON, E. C. and VIGNELLE, R. M.: Proc. Natl. Acad. Sci. **75** (1978) 490.
[13] LANGEN, P. in: Experimentelle und Klinische Tumorchemotherapie, Hrsg.: S. TANNEBERGER, Akademie-Verlag Berlin 1980, S. 193.
[14] TODARO, G. J., LAZAR, G. K. and GREEN, H.: J. cell comp. Physiol. **66** (1965) 325.
[15] HOLLEY, R. W.: Nature **258** (1975), S. 487.
[16] HOLLEY, R. W., ARMON, R., BALDWIN, J. H., BROWN, K. D. and YEN, Y. C.: Proc. Natl. Acad. Sci. **74** (1977) 5046.
[17] MIERZEJEWSKI, K. and ROZENGURT, E.: Nature **269** (1977) 155.
[18] STOKER, M. G. F.: Nature **246** (1973) 200.
[19] WESTERMARK, B.: Exp. Cell. Res. **111** (1978) 295.
[20] FOLKMAN, J. and MOSCONA, A.: Nature **273** (1978) 345.
[21] WEISS, P. and KAVANAU, J. L.: J. gen. Physiol. **41** (1957/58) 1.
[22] BJERKNES, R. and IVERSEN, O. H.: Acta path. microbiol. scand. Sect. A Suppl. **248** (1974) 33.
[23] WHITTENBERGER, B. and GLASER, L.: Nature **272** (1978) 821.
[24] AARDAL, N. P., LAERUM, O. D., PAUKOVITS, W. R. and MAURER, H. R.: Virchows Arch. B. Cell Path. **24** (1977) 27.
[25] BALÁZS, A., FARKAS, A., BLAZSEK, I. and KLUPP, T.: Biologija **26** (1978) 139.
[26] LEHMANN, W., GRAETZ, H., SCHUNCK, H., SCHÜTT, M. and LANGEN, P.: Acta histochemica, im Druck.
[27] INGLOT, A. O., OLESZAK, E. and KISIELOW, S.: Arch. Virology **53** (1980) 291.
[28] GOSPODAROWISZ, D., GREENE, G. and MORAN, I.: Biochem. Biophys. Res. Commun. **65** (1975) 779.
[29] STILES, C. D., CAPONE, G. T., SCHER, C. D., ANTONIADES, H. N., VAN WYK, J. J. and PLEDGER, W. J.: Proc. Natl Acad. Sci. **76** (1979) 1279.
[30] BARNES, D. and SATO, G.: Analyt. Biochem. **102**, 255 (1980).
[31] RINDERKNECHT, E. and HUMBEL, R. E.: Proc. Natl. Acad. Sci. **73** (1976) 2365.
[32] BLUNDELL, T. L., BEDARKER, S., RINDERKNECHT, E. and HUMBEL, R. E.: Proc. Natl. Acad. Sci. **75** (1978) 180.
[33] MEGYESI, S. P., KAHN, C. R., ROTH, J., NEVILLE, D. M., NISSLEY, S. P., HUMBEL, R. E. and FROESCH, E. R.: J. Biol. Chem. **250** (1975) 8991.
[34] BARNES, D. and SALTO, G.: Nature 281 (1979) 388.
[35] VOYLES, B. A. and MCGRATH, C. M.: J. Natl. Cancer Inst. **62** (1979) 597.
[36] OSBORNE, C. K., MONACO, M. E., KAHN, C. R., HUFF, K., BRONZERT, D. and LIPPMAN, M. E.: Cancer Res. **39** (1979) 2422.
[37] HEUSON, J. C. and LEGROS, N.: Europ. J. Cancer **6** (1970) 349.
[38] HEUSON, J. C., LEGROS, N. and HEIMANN, R.: Cancer Res. **32** (1972) 233.

[39] Knauer, D. J., Lyer, A. P., Banerjee and Smith, G. L.: Cancer Res. **40** (1980) 4368.
[40] Johnson, L. K., Baxter, J. D., Vlodavsky, I. and Gospodarowicz, D.: Proc. Natl. Acad. Sci. **77** (1980) 394.
[41] DeMeyts, P., Bianco, A. B. and Roth, J.: J. Biol. Chem. **251** (1976) 1877.
[42] Levitzki, A.: Nature **289** (1981) 442.
[43] Donner, D. B.: Proc. Natl. Acad. Sci. **77** (1980) 3177.
[44] Wolfe, B. A., Wu, R. and Sato, G. H.: Proc. Natl. Acad. Sci. **77** (1980) 2735.
[45] Catt, K. J., Harwood, J. P., Aguilera, G. and Dufan, M. L.: Nature **280** (1979) 109.
[46] Goldstein, J. L., Anderson, R. G. W. and Brown, M. S.: Nature **279** (1979) 679.
[47] Haigler, H. T. and Cohen, St.: Trends Biochem. Sci. Juni (1979), 132.
[48] Savion, N., Vlodavsky, I. and Gospodarowicz, D.: Proc. Natl. Acad. Sci. **77** (1980) 1466.
[49] King, A. C., Hernaez-Davis, L. and Cuatrecasas, P.: Proc. Natl. Acad. Sci. **77** (1980) 3283.
[50] Goldberg, N. D., Haddox, M. K., Dunham, E., Lopez, C. and Halden, J. W. in: Control of Proliferation in Animals Cells, Hrsg. B. Clarkson and R. Baserga, Cold Spring Harbor Lab. 1974, S. 609.
[51] Marcello, C. L.: Exp. Cell Res. **120** (1979) 201.
[52] Seals, J. R. and Jarret, L.: Proc. Natl. Acad. Sci. **77** (1980) 77.
[53] Cohen, S., Carpenter, G. and King, L.: J. Biol. Chem. **255** (1980) 4834.
[54] Ushiro, H. and Cohen, S.: J. Biol. Chem. **255** (1980), 8363.
[55] Chinkers, M. and Cohen, S.: Nature **290** (1981) 517.
[56] Kudlow, J. E., Buss, J. E. and Gill, G. N.: Nature **290** (1981) 519.
[57] Newmark, P.: Nature **292** (1981) 15.
[58] Haselbacher, G. K., Humbel, R. E. and Thomas, G.: FEBS-Letters **100** (1979) 185.
[59] Smith, C. J., Wejksnora, P. J., Warner, J. R., Rubin, C. S. and Rosen, O. M.: Proc. Natl. Acad. Sci. **76** (1979) 2725.
[60] Smith, C. J., Rubin, C. S. and Mendelsohn-Rosen, O.: Proc. Natl. Acad. Sci. **77** (1980) 2641.
[61] Nilsen-Hamilton, M. and Hamilton, R. T.: Nature **279** (1979) 444.
[62] Todaro, G. J., DeLarco, J. E. and Cohen, S.: Nature **264** (1976) 26.
[63] Todaro, G. J., DeLarco, J. E., Nissley, S. P. and Rechler, M. M.: Nature **267** (1977) 526.
[64] Todaro, G. J. and DeLarco, J. E.: Cancer Res. **38** (1978) 4147.
[65] Pruss, R. M., Herschman, H. R. and Klement, V.: Nature **274** (1978) 272.
[66] DeLarco, J. E. and Todaro, G. J.: Nature **272** (1978) 356.
[67] DeLarco, J. E. and Todaro, G. J.: Proc. Natl. Acad. Sci. **75** (1978) 4001.
[68] Roberts, A. B., Lamb, L. C., Newton, D. L., Sporn, M. B., DeLarco, J. E. and Todaro, G. J.: Proc. Natl. Acad. Sci. **77** (1980) 3494.
[69] Todaro, G. T., Fryling, C. and DeLarco, J. E.: Proc. Natl. Acad. Sci. **77** (1980) 5258.
[70] Yuspa, S. H., Licht, U., Ben, T., Patterson, E., Hemmings, H., Slaga, T. J., Colburn, N. and Kelsey, W.: Nature **262** (1976) 402.
[71] Dicker, P. and Rozengurt, E.: Nature **276** (1978) 723.
[72] Colburn, N. H., Former, B. F., Nelson, K. A. and Yuspa, S. H.: Nature **281** (1979) 589.

[73] Fischer, P. B., Dorsch-Häsler, K., Weistein, I. B. and Ginsberg, H. S.: Nature **281** (1979) 591.
[74] Shoyab, M. and Todaro, G. J.: Nature **288** (1980) 451.
[75] Driedger, P. E. and Blumberg, P. M.: Proc. Natl. Acad. Sci. **77** (1980) 567.
[76] Lee, L. S. and Weinstein, I. B.: Science **202** (1978) 313.
[77] Shoyab, M., DeLarco, J. E. and Todaro, G. J.: Nature **279** (1979) 387.
[78] Lee, L. S. and Weinstein, I. B.: Cancer Res. **39** (1979) 5168.
[79] Lee, L. S. and Weinstein, I. B.: Nature **274** (1978) 696.
[80] Todaro, G. J., DeLarco, J. D. and Sporn, M. B.: Nature **276** (1978) 272.
[81] Verma, A. K., Shapas, B. G., Rice, H. M. and Bontwell, R. K.: Cancer Res. **39** (1979) 419.
[82] Rees, A. R., Adamson, E. D. and Graham, C. F.: Nature **281** (1979) 309.
[83] Cohen, S.: J. Biol. Chem. **237** (1962) 1555.
[84] Bullough, W. S.: Biol. Reviews **37** (1962) 307.
[85] Kantell, K. in: Interferon, Academic Press New York, San Francisco, London 1979, S. 2.
[86] Rytömaa, T., Vilpo, J. A., Levante, J. A. and Jonas, W. A.: Scand. J. Haematol. Suppl. **27** (1976) 5.
[87] Rytömaa, T., Levante, J. A. and Jones, W. A.: Lancet I (1977) 771.
[88] Maurer, H. R. and Laerum, O. D. in: Chalones, Hrsg. J. C. Houck, North-Holland Publishing Comp. Amsterdam, Oxford & American Elsevier Publishing Comp. Inc. New York 1976, S. 331.
[89] Marks, F. in: Chalones, Hrsg. J. C. Houck, North-Holland Publishing Comp. Amsterdam, Oxford, American Elsevier Publishing Comp. Inc. New York 1976, S. 173.
[90] Okulov, W. B., Ketlinsky, E. A., Ratovitsky, E. A. and Kalinsky, V. P.: Biochemija **43** (1978) 971.
[91] Laurence, E. in: The skin of vertebrates, Hrsg. R. I. C. Spearman und P. A. Riley, Linnean Society Symp. Series Nr. 9, 1980.
[92] Paukovits, W. R. and Hinterberger, W.: Blut **37** (1978), 7.
[93] Kastner, M. and Maurer, H. R.: Hoppe-Seylers Z. physiol. Chem. **361** (1980) 361.
[94] Balázs, A., Sajgo, M., Klupp, T. and Kemený, A.: Cell Biology Internat. Rep. **4** 337.
[95] Lenfant, M., Garcia-Giralt, E., Thomas, M. and DiGiusto, L.: Cell Tissue Kinet. **11** (1978) 455.
[96] Heidemann, E., Podgornik, N. and Wilms, K.: Blut **39** (1979) 271.
[97] Maschler, R. and Maurer, H. R.: Hoppe-Seylers Z. physiol. Chem. **360** (1979) 735.
[98] Patt, L. M. and Houck, J. C.: FEBS-Letters **120** (1980) 163.
[99] Fischer, L. E. and Koch, G.: Biochem. Biophys. Res. Commun. **72** (1976) 1229.
[100] Kinders, R. J., Milenkovic, A. G., Norden, P. and Johnson, T. C.: Biochem. J. **190** (1980) 605.
[101] Whittenberger, B. and Glaser, L.: Proc. Natl. Acad. Sci. **74** (1977) 2251.
[102] Whittenberger, B., Raben, D., Lieberman, M. A. and Glaser, L.: Proc. Natl. Acad. Sci. 75 (1978) 5457.
[103] Datta, P. and Natraj, C. V.: Exp. Cell. Res. **125** (1980) 431.
[104] Schunck, H.: Dissertation Berlin, 1981.
[105] Negelein, E., Leistner, I. and Jähnchen, L.: Acta biol. med. germ. **16** (1966) 372.

[106] Bichel, P. in: Chalones, Hrsg. J. C. Houck, North-Holland Publishing Comp. Amsterdam, Oxford & American Elsevier Publishing Comp. Inc. New York 1976, S. 430.
[107] Lehmann, W., Graetz, H., Schütt, M. and Langen, P.: Acta biol. med. germ. **36** (1977) K 43.
[108] Lehmann, W., Graetz, H., Schütt, M. and Langen, P.: Exp. Cell Res. **119** (1979) 396.
[109] Lehmann, W., Graetz, H., Samtleben, R., Schütt, M. and Langen, P.: Acta biol. med. germ. **39** (1980) 93.
[110] Langen, P., Graetz, H. and Lehmann, W. in: Flow Cytometry. Hrsg. O. D. Laerum, T. Lindmo and E. Thorud, Universitetsforlaget Bergen, Oslo, Tromso 1980.
[111] Bertsch, S. and Marks, F.: Cancer Res. **34** (1974), 3283.
[112] Elgjo, K. and Cromarty, A.: Virchows Arch. B. Cell. Path. **24** (1977) 101.
[113] Krieg, L., Kühlmann, I. and Marks, F.: Cancer Res. **34** (1974) 3135.
[114] Bertsch, S., Csontos, K., Schweizer, J. and Marks, F.: Cell. Tissue Kinet. **9** (1976) 445.
[115] Elgjo, K., Clausen, O. P. F. and Thorud, E.: Cell Tissue Kinet. **14** (1980) 21.
[116] Horoszewicz, J. S. Leong, S. S. and Carter, W. A.: Science **206** (1979) 1091.
[117] Nissley, S. P., Rechler, M. M., Moses, A. C., Short, P. A. and Podskalny, J. M.: Endocrinology **101** (1977) 708.
[118] Gonzales, R. and Verly, W. G.: Europ. J. Cancer **19** (1978) 680.
[119] Nakai, G. S.: Cell Tissue Kinet. **9** (1976) 553.
[120] Nakal, G. S.: Cell Tissue Kinet. **13** (1980) 65.
[121] Rothbarth, K., Maier, G. and Werner, D.: Cancer Letters **12** (1981) 53.
[122] Tonelli, Q. J. and Sorof, S.: Nature **285** (1980) 250.
[123] Dickens, M. S. and Sorof, S.: Nature **285** (1980) 581.
[124] Bennett, D. C.: Nature **285** (1980) 657.
[125] Custer, R. P. and Sorof, S: Nature **286** (1980) 807.

ISSN 0138-3956

FSC
www.fsc.org
MIX
Papier | Fördert
gute Waldnutzung
FSC® C083411

Zeitfracht Medien GmbH
Ferdinand-Jühlke-Straße 7
99095 Erfurt, Deutschland
produktsicherheit@kolibri360.de